Sortons l'art
du cadre !

藝術風

居家布置 與 品味收藏

Sortons l'art
du cadre !

藝術風
居家布置 與 品味收藏

大膽擁有心愛物件，智慧收藏保值作品，
輕鬆投資藝術生活，就是現在！

奧莉薇亞·德菲耶 OLIVIA DE FAYET
凡妮·索雷 FANNY SAULAY

譯——韓書妍

積木文化

Contents 目次

奧莉薇亞・德菲耶（左）與凡妮・索雷（右）

關於我們

我們兩人皆曾以現代藝術專業人士的身分，任職於全球規模最大的拍賣行，並在那裡相識。然後呢，十年前我們得出以下三個結論：

1. 對大多數的人而言，藝術市場是瘋狂的未知領域。
2. 每個人的身邊處處都是才華洋溢的藝術家，只是等待被發掘。
3. 人們正在經歷越發強烈的渴望，希望能夠被引發真正情感共鳴的物品包圍。

多數人沒有百歲可活，無法自己累積智慧結晶，再說，藝術品並非專屬於億萬富翁，不如就向誘惑臣服吧！接下來，本書將提供所有你需要知道的藝術收藏專家建議。

為什麼
我們寫下這本書？

成立 Wilo & Grove 藝廊以來，透過與新手藏家的互動，我們發現大家總是不斷提及許多相同的問題與顧慮。於是我們決定將這些專業知識、洞見與訣竅集結在一本實用便利的指南中，幫助每個人迎接藝術進入生活。

對於所有希望被藝術品包圍、但總是不知道該如何開始收藏的人而言，這本書就是必備的參考讀物。

不可不知

不可不知

藝術與藝術市場

「藝術市場」即為專業人士、個人買家與販售藝術創作的交易場合。雖然此定義在某種程度上還算精確，不過僅能代表所有實際情況中的極小部分，因為市場中的參與者與交易型態實在太多樣了。藝術銷售的系統通常很直接簡單，有時候卻又相當複雜，但總是迷人有趣。繼續往下看，你就會明白了！

藝術品究竟是什麼？

難以定義的概念

藝術品是美的創造物，
但有時常會激起難以用三言兩語說清楚的情感。
甚至可以說，在所有人類活動中，
唯一仰賴「主觀」來進行的就是藝術活動。

---

1. 藝術品會表達藝術家的觀點與視野，每個不同時代的藝術家，都可能會希望在當代藝術世界中留下印記，窮盡形式的探索，甚至傳達政治訊息。藝術品同時也能為藝術家與觀眾帶來淨化的體驗。

2. 許多藝術品都是獨一無二的，不過某些媒材本身即帶有複數性，像是攝影、版畫，甚至某些雕塑，都是限量製作發行。這類藝術品也都受到特定規則的規範，訂下允許發行的作品複製數量，如此作品才能獲得藝術家定義的「版次」（artistic edition）。

3. 並不是投入大量時間創作或是複雜的作品才能被叫「藝術品」。藝術家展現獨特的表達形式、深具原創性的概念，運用具個人辨識度的技法，才是真正重要的關鍵。這正是藝術家與工匠不同之處，也解釋了何以贗品作者本身並不被視為藝術家。

充電站

根據哲學家黑格爾（Hegel）所言：「簡單來說，藝術刻意創造出有意表現思想的圖像與外觀，以可感知的形式向我們展現真實。藝術因此擁有打動靈魂深處的力量，藉由對美的觀看與沉思，人們體驗到純粹的愉悅。」

進階講堂

1917 年，法國畫家杜象（Marcel Duchamp）在紐約獨立藝術家協會展覽中，展示一座陶瓷製的小便斗。他使用假名（R. Mutt，來自該物件製造商的名字）在小便斗上落款，標題為《噴泉》（Fountain）。這類作品叫做「現成物」（readymade）。藝術家本人只花費了手寫簽名的力氣。這種故弄玄虛的作法，開創了一場新的「現成物」藝術運動，被視為當代藝術的奠基之作。

藝術家面臨永不間斷的挑戰，必須創造具辨識度又連貫的世界觀，以及獨有的視覺標誌，同時又必須在藝術生涯中重塑自我。探索新技法有助於達成這項任務。

各種類型的藝術品

廣泛的類別

藝術創作沒有界限。
不過，人們普遍以創作使用的技法將作品歸類，
給自己一個方向。市場上，類型本身雖可能會有等級高下之分，
但每一種類型的藝術品都值得花點間留意。

1. 所有以下類型都能夠聲稱自己屬於藝術大家族的一員。「美術」（fine arts）涵蓋整個藝術學科的範圍，包括繪畫、雕塑、素描、版畫，以及建築、音樂、詩歌、戲劇與舞蹈。

2.「視覺藝術」（visual arts）一詞適用於平面或立體、使用可感知的材料經過藝術家之手改頭換面的作品。如此便能賦予抽象的概念真實形體，不同於文學、音樂或舞蹈等其他無法觸摸的藝術形式。

3. 藝術品並不僅是為了被觀看而創作，可能也具備實用目的。裝飾藝術與設計領域結合美感與實用功能，有時也使用「應用藝術」（applied arts）一詞。

充電站

「美術館」（museum）一字來自希臘文「mouseion」，意指供奉專司藝術的繆思女神們的神廟。今日我們所熟知的美術館概念，源於十五世紀義大利文藝復興時期的科西莫·德·梅迪奇（Cosimo de Medici），他在佛羅倫斯展出自己的收藏，令富有的觀眾豔羨不已。

作者的建議

「藝術品」的概念實在太廣泛，以至於我們不得不去思考古典雕塑與當代攝影之間是否真的存在任何關聯。證明兩者有關聯的最簡單的方法並不是探討技法或美感，而是要思考作品引發的情感。如果站在藝術品面前令你感到醍醐灌頂，無論那是什麼，都可以理性地下結論：那就是貨真價實的藝術品。

1. 繪畫。這種媒材的價格最高昂，歷史最悠久（想想那些史前洞穴壁畫），也常被視為最尊貴的媒材。繪畫施用的基底材種類廣泛（帆布、紙張、木板等），色料與各式各樣的黏結劑混合後，就能創造出變化多端的色彩，例如「水」用於不透明水彩與一般水彩，「油」用於油畫，「樹脂」用於壓克力顏料，「蛋黃」則用於蛋彩。

2. 素描。價格不若繪畫高昂（紙張較帆布便宜），素描起初是作為繪畫的準備習作與研究。部分當代藝術家僅以墨水或鉛筆在紙張上創作。素描較從容自如，更貼近創作者的手，表現出作品的私密感與藝術性的筆觸手法，比起色彩，更著重線條。

3. 拼貼。這項技法於十二世紀問世，特色是運用種類無窮的新穎媒材，配製成抽象或具象的構圖。

4. 陶瓷。這是最古老的藝術技法，得名自凱拉米克斯（Kerameikos），這是雅典近郊以陶器和瓦片工匠買賣商品的地方。以黏土等具可塑性的媒材製作後經高溫燒製而成，最初是實用的物品，包括炻器、陶器和瓷器。陶瓷本身已經自成一門藝術領域，必須完全掌握技巧。

5. 雕塑。雕塑作品可以是用鑿子直接在整塊石材上刻鑿成獨一無二的作品，也可以是用手或工具塑型黏土製成。後者的技法可鑄模，使用石膏或較常見的青銅翻模。藝術雕塑品（artistic sculptural

editions）不能超過八件附編號的版數與四件藝術家自留版（AP, artist's proof，見〈專有名詞〉）。

6. 攝影。攝影技術於1826年發明，經過一個世紀才臻至成熟。數位攝影現在已經取代底片，不過紙本沖印仍是將此類藝術實體化與完成品的方法。因此攝影師與藏家必須非常留意沖印的品質，最多以三十版為上限。

7. 版畫。在載體上以工具做出造型、線條、素描或圖樣並轉印的創作形式。版畫的載體通常是木板、金屬或橡膠板，滾上油墨後，由藝術家親手或操作版畫機，將圖畫轉印到紙上。版畫技法可生產版本數量有限的原創作品。

充電站

傳統的繪畫種類分級（1.歷史題材；2.人像；3.日常風俗畫；4.風景；5.自然）奠定於十七世紀，十九世紀中葉被印象派畫家推翻，後者將風景畫奉為圭臬。同時間，攝影技術興起，顛覆了繪畫是用來「描繪真實」的想法，迫使畫家重新思考並改變他們的使命。二十世紀初期以抽象派和超現實主義為主的重要藝術運動，也追隨印象派畫家的腳步，迎接這項挑戰。

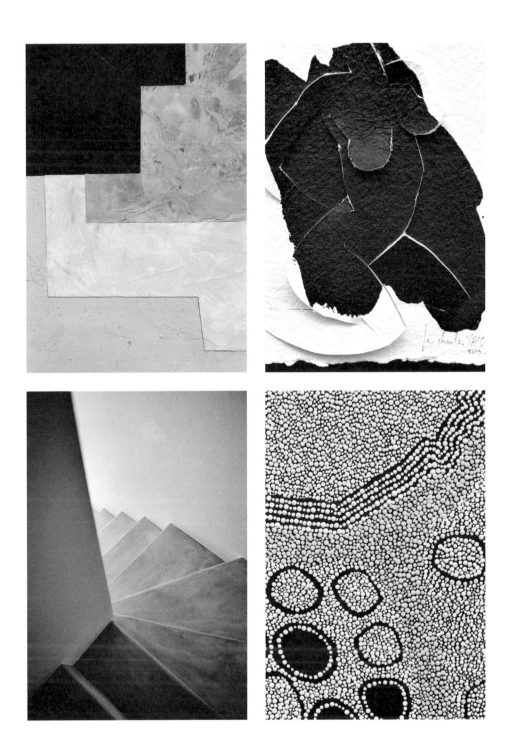

這幅知名的作品是法蘭德斯畫家楊・范艾克（Jan Van Eyck，約 1390~1441 年）的作品，以《阿諾菲尼夫婦像》（The Arnolfini）之名為人熟知，畫中人是喬凡尼・阿諾菲尼（Giovanni Arnolfini），當時首屈一指的貴重物品買賣商。

十五世紀以來的藝術買賣

瞬息萬變

藝術市場最初在交易時保持高度機密，不過隨著時代演變，
藝術市場也持續發展與變化。今日人們購買與販售藝術品的方式，
與早期的交易早已大不相同，且牽涉到無數參與者。

1. 據信最早的繪畫販賣大約在 1400 年的義大利佛羅倫斯與比利時的布魯日。當時最普遍的交易方式是富裕的贊助人委託藝術家特別訂製作品，於交付作品時付款。

2. 隨著時代演進，轉變為透過經紀人交易，以及藝術家在沙龍中展出自己的作品時販售。這些銷售有時候是來自富裕藏家的委託作品。展覽場地的數量也逐漸增加。

3. 十七和十八世紀期間，藝術拍賣行遍地開花，尤其是巴黎，絕大多數的藝術交易都在此進行。目前藝術品在世界各地透過拍賣行、藝廊與藝術博覽會出售，近年來也能透過網路販賣。

充電站

過去五十年來，藝術市場經歷了前所未見的增長，尤其是近十年內見證了有史以來最昂貴的十件作品出售，包括以 2 億美金成交的波洛克（Jackson Pollock）《Number 17A》、2.5 億美金的塞尚（Paul Cézanne）《玩紙牌的人》（*The Card Players*），以及 4.5 億美金的達文西（Leonardo da Vinci）《救世主》（*Salvator Mundi*）。

進階講堂

藝術家的價值是什麼？什麼時候才能說藝術家擁有一定程度的地位和等級？藝術品在拍賣行中的價格仍然是參照的基準點，可展現並正式確立藝術家的作品在特定時間點的價值。不同於細節保密的藝廊交易，拍賣被視為「公開的」，因為人人都能得知價格。藝廊的主要角色，則是為新興藝術家建立價值評估。

為什麼價差這麼大？

供需法則

價格通常會反應出供應與需求之間的平衡。
隨著持續不斷的需求，藝術家的作品價格當然也會不可避免地提高。
然而，倘若市場機制尚未明確訂定出價格，還有許多相當合理的標準，
可幫助我們評斷藝術品的價格是否公道。

1. 原料。 作品的價格理所當然會反映創作時所使用的媒材費用。

2. 技法與尺寸樣式。 作品展現越多對技法與藝術技巧的掌握程度，價值也越高。如果使用相同技法創作，小型作品的價格就會比大型版本低廉，這點相當合理。

3. 藝術生涯。 藝術家已經為擁有數年知名度與辨識度，而且既有的銷售量也有目共睹時，作品的價格就能作為參考的基準點，有如藝術家作品價值的縮影。訂定作品價格時，也會一併考慮藝術家的學經歷與展歷。

4. 創作所需的時間。 這點很難在第一眼就看出，不過也應該考量進去。創作時間較長表示產量較低，因為藝術家的產出必定會受到可工作時間的限制。然而，實際執行創作的時間只是冰山一角。概念化階段持續的時間也是一項決定性因素，不過卻更難衡量，因為這項過程有可能回溯到更久之前，回到靈感的起源與探索概念的可能性的開端。

5. 專業人士的眼光。 作品價值的評估也取決於專業人士與專家的眼光，他們懂得判斷一件藝術品的藝術與商業價值，不限於作品的實體與可量化因素。如果你感到有些困惑，儘管尋求專業人士的協助，以便進一步理解。

美國投資銀行家萊昂・布萊克（Leon Black）與妻子黛博拉（Debra）、法國商人皮諾（François Pinault，世界十大最具影響力的藝術收藏家之一）等顯赫人物，可以讓某些作品的身價水漲船高，並且將創作者的名氣提升到高得驚人的地步。這些令人咋舌的交易仍是少數特例，卻對藝術市場產生持久且重大的影響，尤其是當代藝術作品。

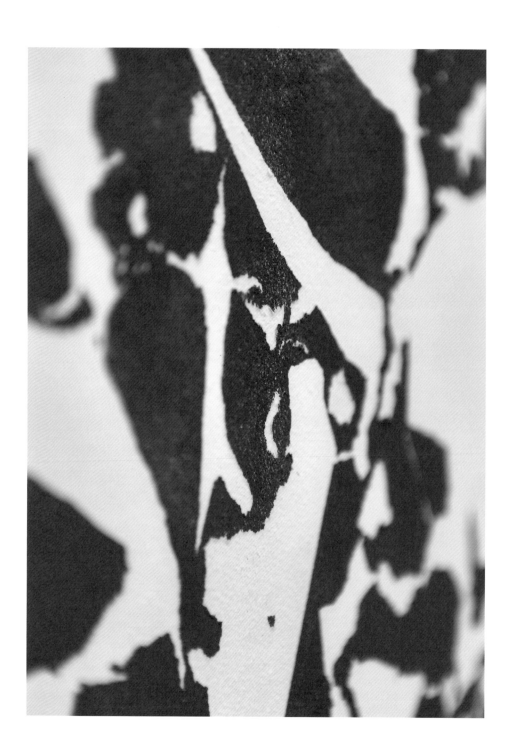

不可不知

市場參與者

既然你已經知道如何分類作品，也學會各種訂定價值的方法，現在是時候了解如何以最有利的條件取得藝術品了。接下來，我們將揭開對新手而言看似有些隱晦難解的藝術市場生態系的祕密。

誰有資格販售藝術品？

人人都有資格，但是以不同的方式販售

藝術品販售受到嚴格的法規限制。
這就是為何我們建議你交託給知識淵博的專業人士，
因為他們很熟悉法律。
拍賣行與受到認可的藝廊能確保交易從頭到尾安全無疑慮。
如果直接和賣家打交道，務必提高警覺。

---

1. 拍賣行專業人士。大型拍賣行都是藝術品鑑定與販售方面的權威專家。

2. 藝廊。無論是在街上的知名實體店面或是在網路上銷售，這些藝廊都有權在符合特定標準與準則的情況下進行交易。

3. 特定藝術市場。網路上有無數銷售藝術品的網站，選擇的範圍極為廣泛，不過有時候很難判定作品來源。買家在網站上獲得的協助有限，這些平臺可能較不適合剛入門的買家。

4. 個人。這些創作者透過網站、沙龍或藝術展販售作品，必須向稅務機關申報收入。

你知道嗎？

藝術家販售自己的作品，或是透過經紀人販售時，我們稱之為「一級市場」。作品從最初的購買人轉入另一位買家手中時，我們稱之為「二級市場」，拍賣行和非當代藝術藝廊都參與其中。

作者的建議

藝術販售通常會按照類別（古典藝術、當代藝術等）進行規劃。為了避免令人不快的意外，並獲得可信賴的建議，最好與自行選擇的該領域專家接洽。藝術市場也受到稅法規範，每個國家法律不同，增值稅等稅金不一，某些國家對藝術品出口也有嚴格的規定。知曉藝術販售國的特定法規非常重要，如此就能了解整體費用與法律問題。

藝廊或許有點令人望而生畏,不過卻能以最直接的方式提供經過專業人士篩選的作品。如果藝廊中的作品吸引你,別猶豫,大方走進去吧!作品就是要供人欣賞的。

拍賣行

充電站

十七世紀時，拍賣原本是用來處置藝術博覽會上沒有賣出的作品，以省下送回作品的運費。這種作法很快便發展成各式各樣販售作品的手段，尤其是在巴黎，十八世紀晚期成為全世界最重要的藝術拍賣市場。成書之時，巴黎的德魯奧（Drouot）由六十間拍賣行組成，每年拍賣約四十萬件物品。2020 年，全球各地的拍賣行售出幾乎高達八十萬件的藝術品與物件。

進階講堂

「拍賣品」（lot）指在拍賣會上以相同編號出售的一件或一組作品。單一拍賣可能由數百件拍賣品組成。單一拍賣中的所有拍賣品都找到買家是極罕見的情況。當發生這種不尋常的大事件時，我們稱之為「白手套」（white glove），因為傳統上會將白手套授與大獲成功的拍賣師，頌揚其傑出表現。

全球概況

雖然各式政府當局（例如海關）在財產扣押（亦即「法拍」）後會舉辦拍賣，然而在此類交易中，繪畫與貴重物品的占比實在微不足道。最優秀出色的作品都是透過大型拍賣行出售。

1. 佳士得（Christie's）和蘇富比（Sotheby's）皆於十八世紀時成立於倫敦，是全球最古老也最出類拔萃的拍賣行。加上富藝斯（Philipps），三者便占去全世界拍賣銷售額的 70% 與成交量的 10%。德州達拉斯的海瑞得（Heritage Auctions）成立時間晚了兩個世紀，不過現在已然成為全世界最大型的「收藏品」（collectible）拍賣商。過去二十年間，中國的拍賣行經歷了爆發式成長，占據前十名的所有位置，其中又以北京保利國際拍賣（Beijin Poly International Auction）獨占鰲頭。

2. 提供藝術品的拍賣行並不擁有藝術品。公司依照賣家的指令行事，也會作為買家的仲介提供服務獲取佣金，不過唯有在物品售出時才會支付佣金。

3. 由於拍賣涉及的金額非常龐大，競爭也非常激烈。誰能網羅最負盛名的頂尖收藏品或作品，就能贏得競爭者的欽佩與羨慕。

拍賣是如何進行的？

作者的建議

如果你對拍賣會採購有興趣，不妨花些時間研究目錄，或直接到拍賣行觀看物品與其狀態。如果無法造訪現場，可向拍賣行索取更多照片與物況報告。弄清楚你真正鍾情、而且價格負擔得起的物品，然後為自己設定不能超過的預算上限。別忘了「買家酬金」，依照不同的拍賣行，範圍從 15% 到 30% 不等。這筆費用會加入最後的售價，可能會讓帳單金額大幅增加。

你知道嗎？

法國的保護國家文化遺產體系比較獨特，美術館與其他機構在公開拍賣中，可以行使所謂的「優先購買權」。他們可以對市場價格要求所有權，並以自己取代市場價格與最高競投者，造成該買家的損失。拍賣師喊出拍賣品「成交」（sold）後，美術館代表人必須身在現場，起身，宣布「先購權」（preemption）。

倒數開始……

壓力、腎上腺素、狂喜、失望：對參與者而言，拍賣很容易讓情緒大起大落。

1. 距離拍賣至少前一天，出售物品將會公開展示。 你能趁此機會研究物品，評估其狀態、顏色、規格，也許還會發現自己已經無法自拔。拍賣師也經常會在這天出席現場，此時就是收集一些額外情報的好機會。

2. 拍賣當天，所有物品會與預估價格標示一起陳列。 賣家會訂定底價（低於此價格便不出售），而且極度保密。如果你身在拍賣會場，想要參與拍賣，只要舉手表示競投意願即可。拍賣師必須注意最低的每口叫價，後者會依照不同的競投活動而有所變動。典型的單次出價，舉例來說，2000 美金和 3000 美金之間會是 200 美金，100000 美金到 200000 美金之間則是 10000 美金。其他貨幣的出價方式也很相似。你還可以選擇留下事先指定的最高金額的書面競投即離場，或是透過電話或在線上遠距競投。

3. 沒有更多競投的時候，拍賣師會擊槌，喊出「成交」一詞。拍賣最終確定在所謂的「落槌價」，並且會加上「買家酬金」。不過有件注意事項：購買沒有冷靜期，你必須立刻付款，否則會有罰金與額外費用。

據說古羅馬執政官盧基烏斯‧穆米烏斯（Lucius Mummius）在公元前 146 年舉行了第一次拍賣會，賣掉從希臘人手中偷來的寶物。數世紀以來，這類交易變得越來越普遍，並在十八世紀延伸至藝術品。今日，由於拍賣會數位化，拍賣已經可以在線上進行，世界各地的競投者都能夠參與，蘇富比和佳士得等大型拍賣行也常運用線上拍賣，向國際市場出售稀有作品。

獨立藝廊

充電站

第一間藝廊誕生於十九世紀晚期。在此之前，藝術品僅在沙龍展示，因此限制了潛在買家的數量。

進階講堂

藝廊的工作也包括在創作過程中給予藝術家協助，幫忙解決商業問題，包括一起訂定公平的價格。不過藝術家也可能基於藝廊的理念與客戶的寶貴意見回饋，邀請藝廊負責人一同參與藝術性的思考，例如是否應該更深入探索某項技法，或是進一步延伸某個系列。

你知道嗎？

藝廊都是直接付款給藝術家，他們會定期提交銷售總額的報表，以銀行轉帳全額付款。

當代藝廊聚焦

當代藝術藝廊的一大特色，在於直接與藝術家接觸，以及與藝術家創作過程的緊密連結。

1. 合約。藝廊與旗下藝術家之間擁有真正的信任關係，不過他們還是會簽署合約形式的承諾以鞏固彼此的合作。除了極少數的例外，藝術家會將作品委託給藝廊，但後者並不擁有作品。藝廊在販售時賺取佣金，抽成通常為 40~50%，看似有點多，不過藝廊的開銷（租金、行銷、保險、人事等）是非常高昂的。

2. 行銷。藝廊的目的是向每一位上門的參觀者傳達旗下藝術家的熱情，並且大力支持他們的作品。透過高品質的展覽空間，以深具吸引力的藝術品陳列、令人驚豔的視覺輔助品（攝影和錄像），以及目標明確清晰的情報（電子報、通訊軟體訊息、社群網站等）。

3. 銷售。藝廊打點藝術交易的商業部分，也會處理找出潛在客戶、協調、成交與行政工作（計費、包裝、運送、售後服務）。

其他管道

作者的建議

不要猶豫，放膽詢問是否能在家中試擺藝術品，依照你腦中的理想位置。或尋找將作品展示在居家布置環境中的藝廊或網站，以便容易想像作品放在家中的模樣，並了解作品實際在室內呈現的尺寸與帶來的感受。

你知道嗎？

Wilo & Grove 等現代藝廊正在重塑傳統藝廊的典範，為參訪者量身打造他們需要或渴求的參觀體驗。你可以選擇個別預約，在店內隨意閒逛瀏覽，並在線上購買，或是在藝廊合夥人贊助的意想不到的活動中挖掘驚喜。總是有適合所有人的選項。

選擇操之在你

1. 大型藝術博覽會。通常價格高昂，不過如果不購買，博覽會倒是訓練眼力的好機會。世界各地都會舉辦藝術博覽會，這些展覽非常值得一逛：想想紐約的軍械庫藝術展（The Armory Show）、倫敦的福列茲藝術週（Frieze London art fair）、FIAC 巴黎國際當代藝術博覽會，或是巴塞爾藝術展（Art Basel）。

2. 網路。選擇多到數不清，包括線上賣場、藝廊數位商店和拍賣，這些可能都會讓人有點焦慮不安。不過對於無法或不喜歡親自到店裡購物的人而言，這些網站就是絕佳的研究與採購工具。你還可以索取額外的相片與資訊、影片或視訊會議，以便進一步了解作品。進行線上購物時，和任何網路交易一樣，都要有相當程度的警覺。

3. 藝術家。直接上門找藝術家並非不可能，尤其是工作室開放日。與藝術家見面是特別的時刻，也是挖掘新人的機會。不過要注意藝廊代理的藝術家，他們會收取和藝廊相同的價格，而且常常只會把你轉回指定代表他們處理議價的藝廊。此外，如果你選擇直接和藝術家交易，就無法享有藝術界專業人士所提供的建議與經驗。

藝術家、藝廊與藏家之間的關係

一級市場中的微妙平衡

要創作出藝術品，當然少不了藝術家啦！
藝術家是一連串事件中首先出場的角色，
接著是藝廊經營者，最後以藏家劃下句點。
在這個美好的良性三角關係中，每一位參與者都應該獲益。

---

1. 藝術家。沒有藝術家，就表示沒有藝術品，當然也就沒有藝術市場。藝術家的職業必須經過漫長的創作過程，才能達到藝術生產的目標。這點需要研究思考、靈感、實驗，以及持續不斷地重新創造與自省。這可是一份全職工作呢。

2. 藝廊。其角色就是發掘藝術家的才華，評估作品的市場價值，並且推銷他們的作品。藝廊也為知識還算淵博的藏家提供建議與協助。因此藝廊經營者有時候必須消弭兩個世界之間的分歧與鴻溝。

3. 藏家。一件作品的價值，在被買下之前是不成立的：價格由買家決定。透過購買與收藏，藏家會獲得愛上一件藝術品的喜悅，且每天都會得到新的啟發。經由支持藝術家的創作，藏家也間接地成為藝術贊助者。

你知道嗎？

藝術家與藝廊之間的連結，可說是遠超過單純商業關係的大膽人類活動。透過呈交作品，藝術家有如將一部分的靈魂託付其中，這可不是輕鬆簡單的事。從那時候起，藝廊便負責推銷藝術家的作品，在他們的職業道路上一路陪伴相隨。

進階講堂

藝廊工作的基石，就是訂定一個對全體都有利的價格。藝術家必須對分潤感到滿意，才能安心地追求藝術創作。承擔高額的營運與推銷支出的藝廊經營者，必須確保生意能夠維持下去。藏家必須對藝術品的品質與投入的總金額感到有保障。

有些藝廊可能會選擇一次只展出一名藝術家，不過 Wilo & Grove 等其他藝廊更喜愛聯展。聯展能夠同時為多位藝術家提供亮相機會，同時為參訪者帶來多樣化的選擇。這對買家而言也相當有利，因為他們能夠實際看見作品的可能組合，以及無窮盡的和諧搭配。

藝廊如何選擇藝術家？

以情感為基礎，又不僅止於此

你是否曾經努力解釋受到某幅畫吸引的真正原因？
這並非易事，對藝廊經營者而言也是如此，
只不過他們經驗豐富的眼光更有可能辨識出作品真正的藝術性。
不過呢，選擇藝術家仍是相當主觀的。

---

1. 一見鍾情。墜入愛河根本不需理由吧！那種與作品之間立即產生連結的時刻，我們會形容作品彷彿「開口說話」了。這條準則非常有效，如果和藝術家之間也產生連結，那麼藝廊經營者就相當確定彼此的合作結果一定會相當豐碩。

2. 仰賴好眼光。除了自然發生的情緒反應，藝廊經營者也會研究作品，才能評估品質。他們會分析手藝、使用技法的掌握程度，媒材的品質是否符合標準，是否富含創造力，藝術家的產能是否足夠應對持續的需求，簡而言之，也就是藝廊是否能夠長期販售這名藝術家的作品。

3. 價格範圍。藝廊都很了解自己的買家，因此會尋找適合自家客群售價的藝術家。

你知道嗎？

從藝廊經營者與藝術家的角度來看，維持和諧透明的關係就是一種激勵。如此一來，經紀人會更投入與致力於銷售作品，這份熱情與決心也會反過來化為藝術家的創造力。

進階講堂

藝術家必須融入藝廊的形象，不過也必須與其他代理的藝術家有所區別。藝術家們需要透過自身的區別性與原創性彼此互補，也不能以任何方式侵害到彼此的作品。我們身為藝廊經營者，必須時時謹慎維持這項平衡。

如果你是藝術家

你知道嗎？

有些會面可以改變整個職業生涯的軌跡。藝術家與藝廊的相遇就是如此重大的事件。自古以來，每個偉大的藝術家背後，都有一名偉大的經紀人。

作者的建議

如果你真的想受到關注，最好以原創性為目標，避免模仿。最重要的是，別因為任何批評言論而感到生氣。反而要試著理解為什麼你引以為傲的作品，卻沒有獲得專業人士的普遍認可。你必須了解到，藝廊經營者也需要討生活。他們會依照客群偏好選擇藝術家，並非單純依照自己的個人喜好。

如何販售你的作品

你或許已經花費數個月、甚至數年的時間精進藝術技法。你意識到自己的作品擁有別具一格的特色，也常常獲得仰慕者的讚美。也許一個偉大的藝術家正在你的體內沉睡。那麼，在哪裡才能找到對你的傑作接受度最高的受眾呢？

1. 藝廊。向專業人士展示你的作品至關重要。列出一張清單，選擇呈現的藝術家風格手法與你有些相似度的藝廊。編纂作品集，收集最佳作品的照片。如果藝廊有興趣，他們就會與你聯繫以索取更多資訊。

2. 網路。線上銷售網站與社群網站徹底改變了藝術品的銷售方式。Instagram 現在似乎是為作品獲取觀眾的最佳方法之一。不過 Instagram 帳號必須時常更新大量貼文，因此你必須不斷展示新作品，這需要非常大量的藝術輸出。不妨等到累積一個迷你系列後再推出帳號。你還可以使用自己的名字建立銷售網站，或是在專門平臺上販售。

擁抱膽量

擁抱膽量

行動吧！
購買藝術品

如果可以用一雙球鞋（或很接近）的價格購買一件藝術或禁得起時間考驗的物品，而且還能為日常生活增添亮點，那又何必把錢用來買多餘的鞋呢？若你還沒決定讓藝術成為生活的一部分，接下來全都是值得跨出這一步的理由。

提起行動的 1001 個好理由

為什麼要買藝術品？

你單純再也無法忍受那面空蕩蕩的牆，
或者你不想再見到已經看了千百萬次的乏味且邊緣還泛黃的海報。
也許當朋友自豪地炫耀新入手的斬獲時，你感到一絲豔羨？
你已經開始造訪藝術品販售網站了嗎？聽起來萬事俱備啦！

---

1. 室內布置能讓人無拘無束地展現個性，好好利用這個機會發光發熱吧！透過藝術，你可以將住處化為獨一無二的地方，還能完美反映出風格。

2. 近數十年來，大眾市場消費力十分瘋狂，而現在我們更傾向把錢花在有特殊意義的物件上，例如與自身經歷有關的獨特歷史。藝術品能夠渾然天成地融入這種當代動態：藝術品是超越時間限制、深受喜愛並且能擁有一輩子的物品，還可以傳承。

3. 購買藝術品也是間接資助藝術家的工作。收入使藝術家得以繼續從事創作，從而精進風格。對於任何未來的藝術贊助者來說，如果需要任何資助動機，這就是了。

專業人士的忠告

於婚禮、生日與其他特殊場合時，多人合資送一件禮物的情況越來越普遍，因為人人都想破頭希望送出最完美的禮物。何不考慮送一件藝術品呢？藝術品是獨到又體貼的禮物，可以陪伴收禮人一生一世呢！

作者的建議

向枯燥單一的室內布置說再見吧！現代人在家的時間越來越多，家已然成為重要的避風港。想要將住處變成可以全然放鬆的避世所也是很自然的事。說到室內布置，我們常常想到家飾和家具，但是藝術品才是真正能為起居空間賦予靈魂的巧妙點綴。

最常遇到哪些障礙？

專業人士的忠告

去逛美術館的藝術展。由於不可能購買作品，你可以透過觀看各種時期與風格的作品，逐漸定義並提升自己的藝術品味，而且不會受到價格或潮流的影響。

作者的建議

我們並非生來就是藝術專家，只是有比客戶稍微領先一點的優勢，因為我們已經在這個圈子打滾好幾年了。我們當然也會愛上永遠買不起的作品。這就是為何在 Wilo & Grove 有意識地決定推廣價格還在可負擔範圍內的藝術家的作品。這是藝廊讓每個人在不花費過多的情況下滿足慾望的方式。多多留意那些迎合各種預算的當代藝廊吧。

放下先入為主的想法

藝術世界可能令人退卻，彷彿專屬於精英。但是，你應該將以下幾個想法從腦袋中甩開。

1.「我對藝術一竅不通。」你不需要是莫札特也會被交響曲感動。我們全都擁有自己的藝術感受性，只是要學習如何注意和接納這些感受。換句話說，相信自己的直覺吧。人類並非天生就愛好藝術，終其一生，每個人都在一點一滴地訓練眼光，只不過沒有意識到罷了。

2.「一定很貴。」藝術品通常需要詢問專人才能知道價格，這使人們擔心報價會哄抬作品的價格。此外，美術館、拍賣會和大型藝術展中最具話題性的都是價格最高昂的作品，更加深這種錯誤印象。即使價格高低是相對的，而且金額也可能非常龐大，不過絕大多數藝術家的創作仍是一般人都負擔得起的。

3.「我不知道從何下手。」大量待售中的作品與各式各樣實體和線上販售平臺或許令人頭昏眼花。口耳相傳的推薦通常是品質的最佳判斷標準。最重要的是慢慢來，堅持不懈，讓好奇心奔馳吧！

即使踏入藝廊的時候毫無頭緒，藝廊經營者也能敏銳抓住你釋出的訊息，欣然指引你正確的方向。

捫心自問的時機

如何做好準備

購買藝術品是重要的決定。
這表示一大筆金錢支出，而且也是你做出的長期抉擇。
雖然也可能衝動購入藝術品後絲毫無悔，
不過還是建議先停下腳步想一想。

---

1. 事先設定最高預算使心意堅決，同時也要設想各種可能性。如此可預防對某件作品一見鍾情而產生的不必要的沮喪或懊悔。

2. 確認與丈量計畫陳列藝術品的位置。畫作在天花板挑高、牆面空曠的空間中，看起來會比在一般尺寸的客廳中要小。為了避免失望，畫廊可以在你家的室內空間照片上製作模擬圖，以便理解作品實際掛在家中牆面的比例。

3. 小心選擇欲採購的藝廊或網站。雖然也要考慮目錄及藝廊的多樣性，不過與交易對象的直接連結才是最重要的考量。感覺舒服自在至關重要，如此整個過程才能滿意放心。

專業人士的忠告

完成採購前的所有準備工作後，別讓先入為主的想法束縛你。在採購過程開始的時候，就讓或許從未考慮過的藝術家、技法或觀點帶來驚喜吧。

作者的建議

第一次購買藝術品時，先從選擇收藏的重點物件開始。如此將能為你的室內空間定調，呈現最佳視覺效果。接下來就比較容易以較小型的作品或擺設整體布置的設計，如果從小型作品開始，比較難掌握風格。

來看看新生代藝廊

你知道嗎？

藝廊經營者與藝術家緊密合作，謹慎地定價。在 Wilo & Grove，價格都是固定且無法議價的。我們透過堅持價格，捍衛作品的價值以及藝廊經營者的工作，因為前者並非可以隨意決定，並且也不可小看後者的貢獻。

作者的建議

我們堅信購買藝術品的整體經驗應該是愉快的，而且這股愉悅感應該從踏進藝廊大門的那一刻就開始。如果你對踏入藝廊的想法仍感到不安，不妨找尋像我們這樣的新生代藝廊，通常都會竭誠提供個人化的溫暖協助，散播生活中有藝術品的喜悅。

創新簡便的藝術品購買方式

有些藝廊近來出現新的概念，打破傳統規範，給予有意初次下手的買家更多支持。

1. 以藝術主題為引導方向，提供豐富的作品精選，展現多元卻不失一致性的選擇範圍，有各式各樣的形式與技法，還能符合各種預算。這些新興藝廊讓客戶能夠找到價格符合自身經濟能力、尺寸也適合壁面空間的作品。

2. 這些藝廊採取嶄新的手法展示藝術品。例如在 Wilo & Grove，空間總是布置得像公寓內部，如此一來，訪客比較容易想像作品的擺放配置，同時也打造出更溫暖舒服的環境。我們會結合多位不同的藝術家，並鼓勵客戶嘗試大膽的並列擺放，不要侷限於單一主色調或技法。

3. 有些藝廊會貼出價格。容易取得的透明資訊非常重要，能在客戶做決定的時候帶來安心感，而且買家也會知道作品的價格是公開且統一的。

擁抱膽量

決定行動

既然已經訂下購買標準、預算,以及打算如何購買藝術品,現在你已經準備好與傑作邂逅,把作品迎入家門,為日常生活錦上添花。現在要做的,就是選擇。以下是將教你如何開始行動。

第一次購買藝術品是件大事，而且急著購買第二件作品的衝動並不少見。向誘惑屈服吧，收藏就是這樣開始的！

別想（太多），大膽選就對了

戀愛了也無所謂

或許定義一件藝術品的品質有客觀標準，
然而作品的美卻非常主觀。
這是關乎品味喜好，因此要對自己有信心！
一見鍾情不需要解釋，發生就是發生了。
放棄掙扎，買下它吧。

---

1. 打造收藏時，務必聽從內心的聲音。任何其他動機（例如投機或投資潛力）都是次要的。無論價格高低，如果你買的是真心喜愛的作品，那就錯不了。相反地，如果你把希望賭在某位藝術家身上，期待他的作品會增值，卻沒有發自內心喜愛作品，那麼你很可能最後得到的是投資不善，還要心煩根本不想掛在牆上的畫。

2. 選擇作品時，不要把目前的家中裝飾看得太重要。作品保留在家中的時間很可能會遠超過或許更換頻率較高的家具和家飾。在你的一生中，也許會搬家或徹底改變室內裝潢和布置，然而藝術品將是最歷久不衰的要素。

專業人士的忠告

考慮入手知名藝術家的作品，但是作品超過某個價格範圍時，你應該在更進一步之前，先自己做功課了解這些藝術家的作品、正常價格、以及他們的代理藝廊。

作者的建議

無論是新手還是經驗豐富的藏家，造訪藝廊的買家一定會要求品質保證與專業性。若達到這些條件，他們就只會專注在展示藝術品所勾起的感受。出色的藝廊經營者會和客戶交談，從他們的室內空間照片著手，以了解買家的需求與想法。藝廊的最終目標就是撮合個人與他們命中註定的藝術品。

猶豫不決的時候怎麼辦？

專業人士的忠告

別忽略你對藝術品最直接的反應，這通常是最真實的感受，不過也要花些時間完整審視所有選項並且深思熟慮。有時候那股「天雷勾動地火」的感覺會持續存在，不過更可能不久後就消逝了。

作者的建議

先給自己一點時間，再回頭重新看看剛剛愛上的作品。這麼做能確認再次看到作品時，是否每次都有同樣的喜悅和悸動體驗。若有任何可能的疑慮，可視情況與藝廊經營者聊聊。專業人士通常會提議為你保留你有興趣的作品，如此一來，作品就不會在你的眼前被其他買家搶走。

別心急

愛上一件作品固然很美好，因為這樣就非常明確，你很清楚這就是自己想要的作品，而這點才是最重要的。然而事情總是如此單純。

1. 事情就是這樣，有些人可以在幾分鐘內完成採購，有些人則需要好幾天才能做出選擇。所以啦，如果你沒有抱著一張畫離開藝廊，完全沒必要自責。

2. 你可能是為自己選購藝術品，不過作品常常會掛在其他家庭成員也使用的房間裡。重要的是家中所有成員都喜歡那件作品，因此在做出決定之前，務必確保同住的每個人都能發表對作品的意見。

3. 如果有任何疑問，最好多研究幾次欲入手的作品。多幾趟造訪也是個好機會，瞧瞧其他之前可能沒有發現的作品。有時候，如果你覺得還是猶豫不決，那就必須向自己承認，其實這件作品就是不適合自己，最好忘了它。

對購入的藝術品後悔了怎麼辦

專業人士的忠告

在藝術展和沙龍購買藝術品時要特別謹慎：這些是特殊情況，消費者沒有取消交易的合法權益。

作者的建議

如果你厭倦了某件知名藝術家的作品，不妨將其在二級市場轉售。請密切注意價格變動，等待拍賣的有利時機。你也可以接洽當初將作品賣給你的藝廊，或是其他代理該藝術家的藝廊，詢問是否能夠出售該作品。

立即行動！

你衝回家，匆匆打開包裝，小心翼翼地取出剛入手的作品，這才發現情況不妙。作品的色彩與家中裝飾極不協調，或是畫作對原本要掛畫的牆面來說實在太大。

購買藝術品並非沒有風險。當然最好在做決定之前先花些時間想清楚，不過要是發現自己犯了錯，也別為此感到絕望。

1. 查看售出國家的法律性質。若為線上購買，買家通常會受到基本的消費者保護法保障，在收到商品後有所謂的「冷靜期」（通常是十四天），這段期間可以取消交易。

2. 作品必須完好無缺地放在原本的包裝中退回。退貨費用由買家自行負擔。賣家收到作品並確認狀態後，即退款給買家。

3. 至於親自購買的狀況，沒有任何法律義務，但是藝廊經營者常會讓你選擇退款或是在合理時間內換貨。

獨具慧眼

獨具慧眼

如何成為
見多識廣的藏家

所以，你已經買下第二件藝術品。恭喜你正式成為藏家啦！現在很難收手，而你的屋裡很快就會加入眾多寶貝家人。是時候學習所有藝術收藏的門道，才能有條有理。以下是我們的第一手經驗談，可幫助你有效管理收藏品。

專業性與真確性

需要採取的行動

無論作品是你自己購入還是繼承得來，
最重要的是查明作品的真確身分。
以下是幾個著手進行的方法。

---

1. 藝術家作品總錄（catalogue raisonné，又稱 critical catalogue）會列入有穩定成就藝術家們迄今的所有已知作品，藝術市場視之為具權威性的紀錄，也是任何販售中介不可或缺的工具。不需要鑑定證書即可確認出現在目錄中的作品狀態。這些目錄可以印刷發行好幾冊，以納入新發現的作品。由於便於更新，線上目錄也越來越普遍。

2. 專家或委員是已故藝術家的公認權威人士，由於對該藝術家的整體作品擁有淵博知識而受到藝術市場認可。他們通常是該藝術家的合法繼承人，獲得官方授權，可對作品真確性的問題做出判定。

3. 鑑定證書可由藝術家本人、代理在世藝術家的藝廊頒發，若藝術家已故，則由官方專家頒發。這份文件千萬要收好，因為只有一份，而且無法補發。

專業人士的忠告

如果是在拍賣會，從賣出日算起，賣家和拍賣行對買家有五年的義務，購入作品的真確性也包含在內。至於所有其他賣方，這份責任則從交易日期算起長達二十年。

作者的建議

如果你認為自己擁有受認可藝術家的作品，不妨請委員或權威專家，親自進行真偽鑑定。阿爾曼·以沙列（Armand Israël）編寫的《專家與行家的國際指南》（*Guide International des Experts et Spécialistes*）就是有助於找到可靠聯絡人的實用資訊來源。

學習如何記錄收藏

重要文件

如果你希望妥善管理收藏品，日後遺贈給你的繼承人，
那麼留存與收藏有關的購買、出處和價值的
所有文件與資訊就極為重要了。

---

1. 收據發票。這是作品售出日期與價格的證明：是發生損壞申請保險理賠時不可或缺的文件。

2. 出處。作品的歷史與其產權鏈可代表作品的「血統」。對於較古老的作品，通常很難回溯這些紀錄，不過可以在銷售或鑑定時要求這項資訊。

3. 出口許可。大多數國家皆有制訂相關制度，透過出口管制保護國家文化遺產。超過一定價值與年代的作品，就必須申請並取得允許作品離開本國領土的許可，例如公開販售。如果作品被認為具有國家級重要性，那麼該國相關的行政機關可以拒絕讓作品出境。

專業人士的忠告

將所有標籤都貼在作品的背後，即使換框也不例外。這些都是早期展覽與銷售的紀錄。

作者的建議

如果你想出售一件藝術品，所有相關文件檔案都是珍貴的資訊。拍賣行的專家能根據這些資料估價，並提供拍賣的建議。

藝術品課稅

非常特殊的情況

藝術品並不是普通商品，其稅務規範很特別。

---

1. 關於藝術品的稅法相當複雜，且每個國家都不一樣。開始購買或出售作品之前，應該要全盤了解居住國家與進行交易的國家之間特有的稅務法規。

2. 大多數國家，如果將藝術品捐贈給慈善機構或美術館，就能在特定條件下享有減稅。

3. 在許多國家，也可以將藝術品捐給國家以取代支付部分繼承稅或遺產稅。這項程序在英國稱為「替代遺產稅」（Acceptance in Lieu）。無數藝術品藉此進入國家公共收藏。

4. 自由港在全球藝術貿易中扮演重要角色，使藏家和經紀人免於支付存放或計畫出售的藝術品的進口稅與關稅。這些戒備森嚴的倉儲設施存在於每個國家的領域管轄權之外，作品離開自由港後，才會被課稅金和其他關稅。

你知道嗎？

畢卡索（Pablo Picasso）過世後，他的家人從他個人收藏中，將 203 幅畫作、158 件雕塑、16 幅紙本拼貼、29 件浮雕、88 件陶瓷作品、3000 幅素描，以及大量插畫作品、手稿和原始主義作品捐贈給國家以取代繼承稅，這些捐贈作品構成巴黎的畢卡索國家美術館（Musée Nationa Picasso）館藏的基礎。

進階講堂

為了保護藝術家在世時以及過世後（為了著作權期限）其家人的利益，藝術品透過拍賣行或藝術經紀人轉售時，都會支付一定比例的成交金額，稱為「藝術家轉售權」（Artist's resale right）。這種版稅制度於 1920 年首度引進法國，2001 年才擴展至歐洲經濟區；然而目前部分其他國家（如美國、日本、中國）尚未實行。

新手藏家

買家報告

人人都可以是藏家！有 1001 種方法可以讓你擁有藝術作品，
況且現在你已經掌握所有起步的重點，
以下內容來自我們暱稱為「Wilovers」的客戶體驗，
希望能給你帶來一些靈感。

「兩年前我想開始收藏藝術品，卻不清楚自己想要什麼。我沒有時間或耐心為了尋找遺珠而逛遍每一間藝廊，直到在 Wilo & Grove 愛上荷內‧霍什（Renée Roche）的展示畫作。那是一筆大投資，所以我承認自己必須在跨出這一步之前認真考慮。那是當年我送給自己的聖誕大禮，而現在我一點也不後悔！」
——艾絲黛

「我們想要好好享受當時一起住的公寓，因此買下了我們的第一件藝術品。我們會共同努力買下兩人都鍾情的作品。」
——尼可拉和托瑪

「對我們而言，像 Wilo & Grove 一樣，提供展示藝術品的點子是非常重要的。那樣的展示方式令我們能鼓起勇氣，大膽選擇新作品。」
——楊和蘿荷

「我的大部分藝術品，剛好都是男朋友或是朋友送的禮物。因此，早在我真正為自己購入第一件藝術品之前，就已經被美麗的事物包圍。因此我更容易知道我想要的什麼。」
——艾黛兒

「我入手的第一件收藏是費南多·達薩（Fernando Daza）的紙質作品。拼貼的細節讓我非常讚嘆，展現出藝術家的細膩手法與隨興自然的一面。我知道無論到哪裡，這幅作品都會跟著我，而且有它自己的專屬位置。」
——梵妮

發揮創意

發揮創意

如何擺設
你的藝術收藏

也許你仍在為近來的或即將下手的斬獲尋找理想的展示位置。在接下來的內容，你將會讀到我們所有的擺設祕訣，使新作品發揮最佳效果。

找到完美位置

也許是出乎意料的地方

購買藝術品時有兩種可能方式：專為特定位置挑選要擺放的作品，
或是單純買下喜愛的作品後再尋找展示的最佳位置。
無論是哪種狀況，都要準備周全，不可心存僥倖。

---

1. 有些人獨鍾極簡室內陳設，有些人則熱愛被滿滿的物品圍繞，一切端視個人的品味與感受。很多時候我們布置住處的方式相當直覺性。然而決定將藝術品放在什麼地方，則需要審慎思考。

2. 藝術品的選擇會對室內產生重大影響。作品的色彩和能量會主導空間的感覺，因此應該由你決定整體空間的調性，而不是讓效果強烈的作品反客為主。

3. 這是衡量評估你與空間和房間的整體布置裝飾的最佳時機。新作品的到來或許會帶動一連串變化，請大膽挪動家具、取下原有的作品，只要有必要，就得重新思考所有物件的配置。

你知道嗎？

色彩對法國畫家德蘭（André Derain）而言是「一只炸藥」，在馬諦斯（Henri Matisse）眼中是「鏗鏘有力的聲響」，雷傑（Fernand Léger）則視之為「有如水和火，是生命不可或缺的原料」。人類確實自古以來就對色彩的光譜著迷不已。

作者的建議

藝術品在屋內的任何房間都擁有一席之地。其實這正是 Wilo & Grove 設計藝廊的方式，也就是重現典型公寓中的各種空間。在廚房之類意想不到的地方放置藝術品，有助於參訪者投射與想像在自家進行同樣的事。不同於一些沒有人味的冷硬藝廊，我們也喜歡端上一杯令人放鬆的咖啡，以家的感覺迎接客戶。

屋內每個空間的藝術品

太多有待探索的可能性！

用來展示藝術品的「完美」房間是不存在的！
不過，你也不能隨便找個地方擺放藝術品，
作品的尺寸、創作媒材、畫框都必須考慮在內。
以下是將入手作品安置在適合地方的點子。

---

1. 玄關是人們進入家中的第一個地方，因此要特別注意這塊空間，精心裝飾。擺放幾件精挑細選的藝術品，就能帶來溫馨和個性感，為訪客營造美觀宜人的第一印象。而且每次踏進家門，這些作品都能讓你有耳目一新的感覺。

2. 客廳既是慶祝也是私人時光的場所，我們通常會在這裡度過許多時光。運用雕塑或極簡風格的作品，讓藝術在這裡發揮點綴的功能。然而，客廳常常是擁有最多牆面空間，因此也是展示大型作品的絕佳機會。

3. 越來越多**廚房**呈開放式與客廳相連，因此也應該擁有像樣的裝飾。廚房牆面常常被櫥櫃和瓷磚占據，只留下少許空間可掛藝術品。小型作品在較大的空間中可能會顯得不夠有分量感，這時廚房就是最理想的展示場所。

專業人士的忠告

掛在沙發上方的畫作不要超過其長度的三分之二最理想。另外，務必確認畫作掛得夠高，以免在有人坐下時被撞到損壞。

作者的建議

藝術品通常是靜態的，但不盡然如此。不妨在玄關擺設一件動態雕塑，如此一來，每次開關門的時候就會使作品轉面，增添動感。

4. 浴室往往是整間屋子中最小也最私人的房間。不妨利用這個私密的空間，掛上有助於凝視思考的作品。

5. 臥室的主要功能就是休息，因此最好選擇相對較祥和寧靜的作品，圖樣與色彩以中性為主，並且與房間內的其他裝飾協調搭配。臥室也是展示較私密物件的理想場所。

6. 隨著遠距工作越來越普遍，**居家辦公室**已然成為住家的重要房間，為自己打造一方能夠專注並感覺舒服自在的幸福小天地就成了大事。辦公桌對面擺放精心挑選的攝影作品，題材最好是有助於創造寧靜、可提高效率的工作環境。

7. 在**兒童房**中掛上經過審慎挑選的作品，可促進孩子的健康發展，帶孩子認識藝術永遠不嫌早！藝術品是舉足輕重的存在，但也能被分析。與孩子一起細細觀察兒童房中的藝術品，研究構圖、細節、色彩與材質，這些將能大幅提升對話的豐富性，日後或許也能激發孩子成為藏家。科學證實，幼兒人生的前五年中，所有新體驗都會發展出新的神經連結。大腦會保留重複頻率最高的資訊，因此若希望孩子熱愛藝術，那就要讓他們從小熟悉藝術品。

專業人士的忠告

別忽略門廳和走廊。掛在視線高度的小型藝術品，可為這些有時較為陰暗狹窄的空間注入活力。

作者的建議

不同於普遍認知，黑色和白色未必等於死氣沉沉！正好相反，黑色或白色能與一切協調搭配，保留經典特質，並為各式各樣的室內風格增添些許優雅與特色。

懸掛裱框藝術品的正確方式

只需要鐵鎚、釘子，以及你的腦袋

在牆上懸掛單獨一幅作品是相對簡單的事。
若要讓兩幅作品完美對齊，不論是一上一下還是並列，
那就會大大提升複雜度！不過別擔心，
只要有以下提供的訣竅與些許算數，人人都是掛畫專家。

---

1. 在開始把牆打個洞的棘手步驟之前，先選定要掛一件或多件畫作的地方。一般來說，擺放藝術品的位置早在購入前就已經決定了，因為在購買藝術品的時候，我們的心中常常會浮現一個特定的地點。

2. 選定位置並把作品帶回家後，就可以確認其尺寸是否符合期待，以及是否適合牆面空間。只有一個方法可以確認你的感覺是對的：請朋友在該處拿著作品假裝掛上，看看效果是否還滿意。

3. 若是向藝廊購買作品，或許可以要求進行模擬，示範作品擺放在多個可能的位置。如此，你對作品的想像就會更接近實際狀況。

專業人士的忠告

開始之前，確認已經準備好所有需要的工具：直尺或捲尺、鉛筆、鐵鎚、水平儀，一樣都不可少。欲懸掛較具重量的作品，可能要用到電鑽、螺絲、膨脹螺絲（俗稱壁虎）。

進階講堂

在設計作品擺放的時候，可以試想在同一個地方放上不同藝術家的作品，使它們產生關聯，嘗試在不同作品和家具之間創造整體感。作品被買下、離開我們前往新家時，其他作品就會取代它們。這持續進行的建構計畫，要求我們每一次都要找出新的協調感。有時候很像在玩腦筋急轉彎，充滿趣味。

懸掛大型或具重量的畫作

專業人士的忠告

如果作品又大又重，請在畫作背面上方角落裝上兩個掛鉤。如此就能平均分散重量，不過，如此一來，就得在牆上鑽出兩個絕對水平的洞。如果擔心畫作歪斜，可在畫作背面的吊扣之間加上一條鋼索，以便隨時調整作品的角度。

作者的建議

用食指敲敲牆面，以確定牆的材質。如果發出的聲響聽起來很空洞，那就是簡單的隔間牆。如果聲音悶悶的，很可能是混凝土建造的承重牆，堅固許多。可先在不起眼的角落鑽一個小孔，檢視鑽孔產生的粉塵。如果是紅棕色，那就是磚牆；如果是白色，則是石膏牆；若為灰色的細塵，那就是混凝土牆；若為灰色但粉塵顆粒較粗，則為泡沫混凝土建造的牆。

「重」點

畫布本身並不重，重的往往是支撐畫布用的框架和玻璃板。因此，務必要做好安全措施。

1. 確認牆面的建材材質（請見「作者的建議」）。最好詢問 DIY 材料工具店的專業人士，請教與建材相關的建議。

2. 除了牆壁建材的材質，也務必確認畫框的重量，以確保正確懸掛畫作。掛鉤包裝盒上一定會註明最大承重。舉例來說，如果牆面是石膏建造，你的畫框重量低於 33 磅（15 公斤），選擇可用鐵鎚釘牆的 X 形掛畫鉤（X picture hooks）。至於較重的框，則需要電鑽和膨脹螺絲（壁虎）。也有混凝土用的專門掛鉤，用在同樣重量範圍內的畫作，就不必在牆上鑽洞。

3. 藝廊常常使用的掛畫軌道，也能安裝在家中。軌道會固定在緊鄰天花板的牆面，垂直懸吊軟式或硬式掛畫線。接著為掛畫線加上滑動式掛鉤，以便將畫作掛在想要的高度。這種懸掛系統無須在牆上打洞就能掛畫，還能隨心所欲地調整畫作位置。

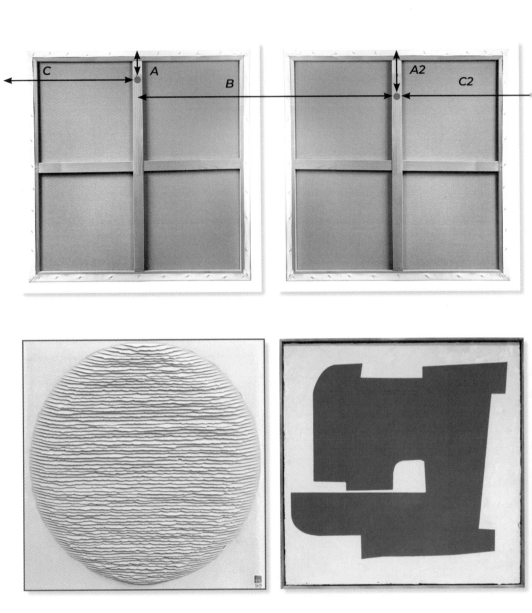

切記，畫作不可大於牆面的三分之二，以免讓房間有壓迫感。

將兩幅作品在牆面上對齊置中

1. 決定作品上牆的位置後，背面朝下平放在地上。將作品排列成與上牆後完全一樣的間距。

2. 丈量左側畫作上緣與懸掛系統之間的距離。記下丈量數字，我們姑且稱之為 A。另一幅畫重複此步驟，丈量出的數字稱為 A2。

3. 測量兩幅畫作的懸掛系統之間的距離。記下此數字，我們稱之為 B。

4. 測量左側畫作的懸掛系統與牆面左側邊緣的距離（C）。此數字應該要和右側畫作的懸掛系統與牆面右側邊緣的距離相同（C2）

5. 用鉛筆在牆上畫兩個叉號，作為 C 和 C2 的標示。

6. 站在與左側叉號垂直對齊處，（使用直尺或捲尺）標出畫作上緣與天花板之間想要的距離。在這條線上用鉛筆加上另一個叉號，標出 A。裝上第一個掛鉤。

7. 將一條長度等於 B 的細繩固定在第一個掛鉤上，往右拉，利用水平儀確保細繩確實對齊，然後畫一個叉號。

8. 站在與步驟 7 的叉號垂直對齊處，用直尺或捲尺標出畫作上緣與天花板之間想要的距離。在測量數字上用鉛筆畫另一個叉號標註 A2，然後裝上第二個掛鉤。

9. 取下細繩，掛上畫作；如果操作正確，兩幅畫應該會齊平。用水平儀最後檢查。

展示中小型尺寸的作品

專業人士的忠告

重量極輕的作品可以利用隱形雙面黏貼系統直接上牆，例如在畫框背面和牆面加上魔鬼氈。這些移除時都不會造成牆面油漆受損。

作者的建議

如果你的收藏量很大，而且沒有足夠的牆面空間可以掛出所有作品。沒問題，只要把畫作靠牆放在地上、邊櫃或梳妝臺上，甚至放在尺寸不一的窄版壁架上。

最佳選項

至於大型畫作，懸掛作品時，畫框的重量和牆面結構都是必要考量。

1. 確定預計掛畫的牆面材質後，就可以開始思考如何配置作品。別忘了，如果掛在開闊牆面上，中小型作品會顯得沒有存在感。最好選擇兩扇門窗之間的空間，或是小玄關。確定作品掛在視線高度（距離約 160 公分）。

2. 有個非常簡單的小技巧，可以在牆上打洞之前，讓你想像打算掛畫的位置效果。取一張紙，剪成和畫作尺寸完全相同的大小，然後用膠帶貼在牆上。確定在牆面的最佳位置後，用鉛筆把紙型的角落在牆上做記號。對於測試與打造新的牆面布置時，這個技巧也非常實用。

3. 若在同一個房間裡掛多件作品，但不一定並列時，最好對齊作品的中線，而非上緣或下緣，如此視覺效果最協調。

掌握配置組合之道

比想像的簡單多了

以許多作品組成的牆面展示現在正當紅，
但是必須有一定專業程度才能做出漂亮的組合。
你可以盡情發揮創意，依照直覺布置牆面，或是精心鑽研架構。
一切操之在你。

---

1. 務必謹慎精確地挑選掛在一起的作品。考量色彩的協調性（相似色調或各種色彩變化）、相關主題、相似技法、類似或對比風格的畫框，一手打造理想牆面構圖。

2. 構圖中的其中一件作品可以是主角（也許是顏色、規格或主題），但也要避免讓這件作品完全壓過鄰近作品的風采。其中一種可行作法，是將之放置在整體布置的一側，然後在另一側擺放一件強度相當的作品來平衡。

3. 如果想要為任何類型的構圖增添活力和個性，不妨考慮加入其他非藝術物件，像是鏡子、私人照片，或各式各樣的裝飾品。當然啦，物品之間一定要保留適當的距離。

專業人士的忠告

畫作之間的空間必須依照作品的尺寸調整。小型畫作之間可保留 2 公分，反之，大規格畫作之間可保留約一個手掌寬的空間。

作者的建議

可以將要布置的作品放在地上配置版面，輕鬆移動，直到拍案決定最吸引人的構圖，然後才將作品正式上牆。接著我們會拍照，並在牆上微調或更新布置。當然也可能將一組小型作品隨意配置掛在牆上，不經過特別調整對齊，這個作法能與新加入的作品輕鬆搭配。或者你也可以反其道而行，選擇較有條理的布置構圖，對齊所有畫作的外緣。

前頁：作品以隨興構圖展示的例子，在 Wilo & Grove 又稱「天馬行空」。
上圖：對齊作品外緣的構圖範例。

將書架上的書堆起來，露出色彩繽紛的書背，將之變成小型畫作與物品的展示底座。變化不同高度，打造活潑的視覺節奏。

混搭物件的藝術

藝術雜燴

剛起步的藏家可能會發現周遭滿是需要經過巧妙布置的藝術品：
陶瓷、雕塑、小型裱框作品等。
只需要少許點子和技巧，就能打造永遠幸福快樂的天作之合，
或是促成迷人的重組家庭。

---

1. 每個藏家都能隨意安排空間，並以自己認為適合的方式布置，以反映出個人特質的多重面向。因此經常需要進行混搭，也可為居家布置增添節奏與獨特風格。不過請注意：收藏一定要有條有理，才能打造成功的混搭。

2. 可以在書櫃中將混合各式藝術品（小幅畫作、雕塑、陶瓷），其中穿插花瓶、鮮花、封面精美的書籍等日常物品。

3. 動手組合不同藝術品，這件事本身就是一門藝術。定期隨心所欲地重新布置現有的組合，試試新的分類或改變畫框。也可以嘗試單色或繽紛配置，並且勇敢混合主題吧！例如具象的攝影作品，常常能和抽象藝術搭配得無懈可擊。

專業人士的忠告

壁龕和書架這類小巧的空間，尺寸常常剛好適合展示小型藝術品。這些平易近人的展示處也能讓觀者近距離欣賞作品的小細節。

作者的建議

快樂就藏在對比中。勇敢並列不同風格和時期的作品吧！物品本來就不必固定在一個地方，興致一來就該隨意移動，沒有任何風險。透過嘗試各種布置，也能培養眼光，磨練藝術直覺。

發揮創意

如何保養
你的藝術收藏

藝術品是獨一無二的,通常相當脆弱,最重要的是,它們無法被取代。最重要的是,展示時一定要發揮作品的最大優點,同時將之保持在最佳狀態。遵循以下寶貴建議,確保珍藏能夠被妥善保存。

裱框的祕密

多種選項

為藝術品裱框是非常重要的，
既能突顯其優點，也能保護作品。
選擇合適的畫框時務必留意。
以下是如何選擇畫框的方法。

---

1. 無玻璃畫框。通常僅用於畫布，這些畫框能為作品帶來有力的存在感。形式從傳統（traditional frame）到油畫框（floater frame）皆有。傳統畫框是直接放在畫布上，包住邊緣約 1 公分。油畫框則是將畫布嵌入訂製盒型框，留下可見邊緣。

2. 玻璃畫框。這類外框是用來保護照片或脆弱的作品，如果玻璃經過抗紫外線處理與抗反射塗層，那就是最理想的選擇。這些框可以搭配內襯卡紙（又稱襯紙，見〈專有名詞〉），不過畫作的不規則邊緣也有自成一格的魅力。

3. 顏色與材質。未經表面塗層的橡木框能營造溫暖宜人的效果，黑框的造型則較時髦現代。如果你追求的是原創、精緻，或是頂級的工藝，最好請專業裱框公司代勞。卡紙或裱框內襯也可以搭配畫框。

你知道嗎？

如果看到一些當代繪畫以未裱框的形式呈現，請別驚訝。這是現在深受許多藝術家青睞的普遍手法。

作者的建議

選擇理想的畫框並非總是簡單的事。這就是為何許多藝廊，如 Wilo & Grove，販售已裱框的作品。如此一來，藏家既不用費心，而且帶回家就能立刻掛上作品，不必等待長達數週的裱框時間。

別忘了照明

重要考驗

最令人沮喪的事情，
莫過於因屋內照明不佳而無法清楚欣賞藝術品。
照明的問題對專業人士與藏家而言都是一大挑戰。
以下提供幾條大原則。

---

1. 投射燈是打亮藝術品的最佳方式。不僅安裝簡單，還能提供單一或多個光源，可視需求改變方向與調整。現在的聚光燈都使用 LED 燈泡，提供照明時完全不會損傷作品，還能充分展現作品的優點。

2. 如果無法安裝軌道投射燈，不妨考慮附帶調節夾的壁式或吸頂式投射燈，使光線能夠直接照在牆上的物品。

3. 老式燈泡會散發紫外線與高溫。請避免使用這類燈泡為藝術品打光，因為效果等於直射的陽光，而且對所有類型的色料都有高度破壞性。詳讀燈具和燈泡的標示資訊，盡可能選用 LED 燈泡。建議優先考慮落地聚光燈，方便依照需要擺放與移動。

專業人士的忠告

窗戶正對面的牆，適合掛上無玻璃的裱框畫作，能善用自然光，也不會產生惱人的反光。如果沒辦法，也可在裱框時選用抗反射玻璃。

作者的建議

投影燈是平行聚光燈，其光束可調整至與畫作的形狀尺寸完全相同，以光線勾勒出作品輪廓，圍繞畫作。這種燈固然非常完美，不過對大多數的作品來說，傳統聚光燈也很好。落地聚光燈可以移動，因此可以輕鬆調整照明。最後，不妨試試在房間中使用多個光源，不僅可以營造溫暖的氛圍，也能為藝術品提供間接照明。

保存藝術收藏

務必避免的錯誤

在掛起一幅畫作或攝影作品之前，
你必須考慮將日復一日展示作品的環境。
暴露於紫外線、可能產生飛濺物，或是溼度極高的房間，
這些都是使收藏嚴重受損的冰山一角。
以下是保存藝術品時必須知道的事。

---

1. 繪畫比紙質作品強韌，後者脆弱許多，尤其是在潮溼的情況下。

2. 若紙質作品（素描、拼貼、攝影、平版版畫等）擺放在受強烈日光曝晒的地方，一定要用抗反射與抗 UV 玻璃保護作品。

3. 紙質作品的通則，就是不該放在陽光直接曝晒處，紫外線對作品極具破壞性。作品可能會變質或褪色，紙張也會長出斑點汙漬。

4. 紙質作品也不適合浴室或廚房：溼氣會毀損作品，例如會導致載體起皺。此外，避免將紙質作品放在靠近熱源的地方，紙張會變乾而脆化。

5. 無論藝術品的材質是什麼，千萬不要存放在地下室之類的潮溼地點。即使經過妥善包裝，經年累月下來，作品還是很可能變質。

6. 至於以玻璃裱框的作品，記得請裱裝店家在玻璃和紙張之間保留些許空間，使保護效果更佳。也可加入卡紙，能發揮相同作用。

7. 最好將作品放在溫度溼度皆穩定的環境中：劇烈的溫溼度變化造成的損害最嚴重。

修復藝術品

任何問題都有解

如果是搬運時不小心，或者單純隨著時間而老舊裂開，
藝術品可能會變質甚至受損。有些問題能夠以簡單快速的方法解決。
至於較嚴重的狀況，最好尋求專業人士的協助。

---

1. 品質較差的卡紙，由於製程中會加入酸性物質，紙張上會漸漸浮現深色斑點。這種情況下，只要將之換成無酸卡紙即可（裱框店家通常有庫存）。這種卡紙有助於保存作品。

2. 繪畫。畫作隨著時間過去，會逐漸開始出現變質的跡象，像是表面產生裂紋、油彩剝落、凡尼斯變黃，也可能只是堆積過多灰塵髒汙而使色彩黯淡。畫作也可能不小心因為劃破或撕扯而受損。修復專家能夠將這類損傷降至最低。

專業人士的忠告

如果黑色木框刮傷了，只要用抹布沾少許黑蠟擦拭即可，也可使用黑色麥克筆稍事修補（如有需要，先以木工補土填平裂痕）。這樣應該就能遮掩刮痕。

作者的建議

如果你正在請人修復畫作以降低老化的跡象，務必確認你只要少許清潔即可。你可不希望畫作被洗得一乾二淨，這會使作品喪失個性，還毀掉為作品增添魅力的美麗氧化色澤。

保持好奇

專有名詞

必備術語

以下是所有藏家都應該知道的實用術語介紹。

應出自某某藝術家之手（Attributed to）：此術語通常指未簽名的藝術品，表面上看來應該是出自某位藝術家之手但尚未經過鑑定，或指專家無法完全確定作者身分的作品。

買家酬金（Buyer's premium）：附加在拍賣會售出作品的落槌價的額外費用。依照各拍賣行，該費用的範圍從 15~30% 不等。

作品狀況報告（Condition report）：專家或修復專家在銷售前事先準備的文件，上面記錄作品的確切狀況。在進行任何重要採購前，務必仔細研讀這份資料，特別是曾經有過大幅修復跡象的所有相關資訊。

版次（Edition）：版次是使用原作製成的一系列完全相同的藝術品。這個術語可以指稱各式各樣的媒材，包括以同一塊模板或印製表面製作的一個版次的版畫、照片或雕塑。由於是藝術品，這些作品限量製作，通常會有藝術家簽名、編號，並由藝術家註明日期。至於雕塑，是使用原作開模鑄造，製造過程受到藝術家或法定繼承人的嚴密管控，數量限制在八個，並加上編號。除此之外，也可包含最多四件的藝術家自留版（AP, artist's proof），是用來「測試」的作品。

褐斑（Foxing）：由溼度、老化引起的變質，或是接觸酸性表面（例如劣質裱框材質），導致紙張出現黃褐色小斑點。

裱框內襯（Frame liner）：又稱襯布（linen liner），是以織品覆蓋的木框，放在外框內側，由於可將藝術品與畫框隔開，兼具裝飾與保護用途。可別將內襯與卡紙搞混了：內襯一般是用在帆布繪畫或未加玻璃的畫框，卡紙則通常僅用於有玻璃的紙本作品。

落槌價（Hammer price）：公開拍賣中出售物品的最終價格。買家也要支付額外的買家酬金。

背襯（Lining）：源自十八世紀，由羅浮宮的修復專家發明。此方法是用來加強經年累月下出現裂紋、破裂或拉扯而受損的原始畫布。舊畫布會貼在新的布上。要注意的是，背襯也可能對油畫材料造成

極大傷害，僅在受損非常嚴重的情況下使用。

卡紙（Mat board）：又可稱為「passe-partout」，英式英語則稱「襯紙」（picture mount），是在藝術品與玻璃框之間夾入一張中央開孔的卡紙。用於裱畫的卡紙可避免紙張與玻璃直接接觸。卡紙也具有美觀功能，為作品增添額外的裝飾與迷人效果，或是遮蓋作品不規則或受損的邊緣。卡紙與「繃畫」常被混為一談，繃畫通常用來裱裝沒有玻璃覆蓋的畫布作品。

掛畫軌道（Picture rail）：這種懸掛系統運用在藝廊中以吊掛裱框作品。軌道安裝位置緊鄰天花板，搭配垂直落下的可彎或不可彎的掛桿。可滑動掛鉤夾在掛桿上，可將畫作掛在想要的高度。掛畫軌道可讓你無須在牆上鑽孔也能掛上沉甸甸的畫作，也能隨時依照喜好調整藝術品的位置。

繃布架／無框繃畫（Stretcher）：以木頭支架組成，將畫布繃在框上，以釘子或釘書針固定。

日照傷害（Sun damage）：暴露在紫外線下所造成的紙製作品變色或紙張變質，或是顏料褪色（水性技法）。

白手套拍賣（White glove auction）：所有拍賣品全數出售的拍賣。若獲得如此罕見的成就，傳統上會為達成此成就的拍賣師頒發一副白手套。

出自某藝術家的門生之手（Workshop of）：這幅畫作是在藝術家的工作室中，在他的監督下由其中一名學生完成的。

Instagram 靈感

必追的賞心悅目帳號

以下是我們推薦能帶來許多靈感的 Instagram 帳號
（@wiloandgrove 當然也是！）

需要將藝術品加入室內設計的靈感嗎？

@goodmoods：這個線上雜誌精準掌握最新潮流脈動，以繽紛多彩的圖像情緒板預測並展示室內設計與居家裝飾的未來趨勢。

@kbergart：這是位在洛杉磯的 Counter-Space 選品店的軟裝師的帳號，貼文結合藝術與老件設計，充滿原創性與簡潔風格。

@m.a.r.c.c.o.s.t.a：這個帳號的特色是轉貼世界各地最有意思的室內設計，特別專注在將藝術融入日常生活。

享受藝術的無窮樂趣

@tussenkunstenquarantaine：2020年封城期間開設的帳號，貼文內容是在家中利用各種日常家用品，以人像攝影重現名畫。

@matchwithart：帳號主人身穿與藝術品完美融合搭配的服裝站在作品前，以充滿想像力的方式抓住觀者的目光，展示現代與當代藝術家的作品。

@punk_history：藝術史名畫中的人物被加上幽默的虛構對話，瞬間把讀者拉到現代世界。

作品列表

認識書中的藝術家

如果沒有這些藝術家的作品，也就不會有 Wilo & Grove 的美好經歷了。
他們的創造力讓藝廊提供豐富多樣的選擇，作為本書的示範圖。
以下是書中展示的藝術品列表。

4 頁：Hervé de Mestier, *Stroll*, *Vogue*; Amélie Dauteur, *Fomu*, *Torofi*, and *Tomodashi*; Hubert Jouzeau, *Small Palm Tree*; Danielle Lescot, *Small Faceted Ball*; Patricia Zieseniss, *Adolescence*. Photo © Hervé Goluza.

6~7 頁：Amélie Dauteur, *Otoko*; Plume de Panache, *Cotton House* and *Wilo III*; Laurent Karagueuzian, *Stripped Papers Nos.* 63, 119, and 242; Bernard Gortais, *The Life of Folds Nos.* 7 and 11 and *Continuum 152*; Mise en Lumière, *MacDonalds*, *New Orleans*; Hubert Jouzeau, *California Top*; Jean-Charles Yaïch, *Woman II* and *Kirigami*; Anne Brun, *Gilded Flowers* in *Pure Gold*; Patricia Zieseniss, *The Bear and Hedgehog*; Éliane Pouhaër, *Light*; Agnès Nivot, *Staircases Wall* 2 and *Cube Collection* 7; Michaël Schouflikir, *House of Cards and People*; Margaux Derhy, *Gate of the Anti-Atlas* 14; Thibault de Puyfontaine, *Parasol* and *Yellow Car*; Danielle Lescot, *Medium Reef*; Joël Froment, *Untitled*; Baptiste Penin, *Dominica*; Claire Borde, Counterpoint No. 9; Emma Iks, *Two Geese*. Photo © Hervé Goluza.

24 頁：Jan van Eyck, *The Arnolfini Portrait* © The National Gallery, London, Dist. RMN-Grand Palais / National Gallery Photographic Department.

32 頁：Business sign on the facade of Christie's Geneva branch. Photo © Godong / Getty Images.

35 頁：Camille de Foresta at the auction block. Photo © Christie's.

11 頁：Patricia Zieseniss, *Couple II* and *The Journey*; Plume de Panache, Como. Photo © Sohpie Lioyd for the interior architect Caroline Andéroni.

12~13 頁：Michaël Schouflikir, Japan; Claire Borde, *Counterpoint* No. 4; Amélie Dauteur, *Atama, Tsuno,* and *Nodo*. Photo © Hervé Goluza.

14 頁：Marie Amédro, *Ensemble No.* 4 (detail). Photo © Hervé Goluza.

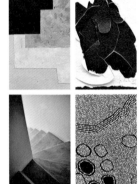

17 頁：Bernard Gortais, *Continuum 170*; Biombo, *Double Bench* and *Stool*; Patricia Zieseniss, *Friend*. Photo © Hervé Goluza.

18 頁：Julie Lansom, *Forest in the Springtime*; Géraldine de Zuchowicz, *Sculptures and Candlesticks*. Photo © Nicolas Matheus, in the residence of interior architect Constance Laurand.

21 頁：Audrey Noël, *Untitled*; Jean-Charles Yaïch, *Kirigami* 414; Benjamin Didier, *Continuum No.* 14; Marjolaine de La Chapelle, *Untitled (Large Yellow and Black)* (details). Photos © Hervé Goluza.

22~23 頁：Audrey Noël, *Untitled (Black and White)*. Photo © Sophie Lloyd for the interior architect Caroline Andréoni.

27 頁：Fernando Daza, *Yellow and White Forms*; Agnès Nivot, *Shields*. Photo © Hervé Goluza.

28 頁：Laurent Karagueuzian, *Stripped Papers* (detail). Photo © Hervé Goluza.

36 頁：Benjamin Didier, *Various from Greece, No.* 5; Vanska Seasons, *Loops Pattern*; Amélie Dauteur, *Kodomo* and *Niji*. Photo © Andrane de Barry.

39 頁：Invincible Été, *Wildflowers*. Photo © Frédéric Baron-Morin.

41 頁：Audrey Noël, *Untitled (Cobalt Blue)*; Michaël Schouflikir, *Aegean*; Jean-Charles Yaïch, *Kirigami* 416; Laurent Karagueuzian, *Stripped Papers No.* 247; Amélie Dauteur, *Boshi*; Patricia Zieseniss, *Friend*; Hubert Jouzeau, *Palm Trees*; Danielle Lescot, *Large Reef*. Photo © Hervé Goluza.

42 頁：Amélie Dauteur, *Happi* and *Otoko*; Marc Beaudeau Dutilleul, *Diptych*; Hervé de Mestier, The *Lake*, *Elle*; Laurent Karagueuzian, *Stripped Papers No.* 231; Géraldine de Zuchowicz, *Berlin*; Agnès Nivot, *Cube Collection* 11. Photo © Andrane de Barry.

44~45 頁：Amélie Dauteur, *Dansa* and *Iwa*; Fernando Daza, *Raspberry Circle*; Géraldine de Zuchowicz, *Bogota*; Michaël Schouflikir, *Uproar*. Photo © Hervé Goluza.

47 頁：Audrey Noël, *Untitled (Blue, Orange, Black, and Yellow)* (detail). Photo © Hervé Goluza.

48~49 頁：Kanica, *Malbec Composition* and *Blue Composition*; Angès Nivot, *Brown-Black Striped Ring*; Anne Brun, *Gilded Flowers*; Géraldine de Zuchowicz, *Venice*; Jean-Charles Yaïch, *Nude from the Back*; Danielle Lescot, *Little Bsll with Matte Blue Facets*; Lumières des Roses, collection of vintage photographs; Julie Lansom, *Camargue*; Laurent Karagueuzian, *Stripped Papers No.* 302; Marie Amédro, *Visible Invisible No.* 10; Claire Borde, *Counterpoints*. Photo © Andrane de Barry.

50 頁：Amélie Dauteur, *Kumo*. Photo © Andrane de Barry.

52 頁：Raphaële Anfré, *Femininity Yielding*; Hubert Jouzeau, *Palm Trees*; Marie Amédro, *Synergies*; Milena Cavalan, *Zebrina*; Baptiste Penin, *Sri Lanka*; Pascaline Sauzay, *Imaginary Variation*; Marjolaine de La Chapelle, *Untitled*. Photo © Hervé Goluza.

55 頁：Plume de Panache, *Peipou*; Lucia Volentieri, *Tridi*; Michaël Schouflikir, *Japan* and *Trick*; Danielle Lescot, *Pyramid*, *Cube*, and *Tower*; Mise en Lumière, *Portobello, London*; Amélie Dauteur, *Little Daburu*; Marion Pillet, *Sunset*; Marjolaine de La Chapelle, *Untitled (Medium Yellow Blue Square)*; Audrey Noël, *Collage*; Patricia Zieseniss, *Double Me*. Photo © Hervé Goluza.

56 頁：Hubert Jouzeau, *Palm Trees*. Photo © Hervé Goluza.

59 頁：Marjolaine de La Chapelle, *Untitled (Yellow* 3*)*; Gabi Wagner, *Untitled.* Photo © Hervé Goluza.

60~61 頁：Fernando Daza, *Two Inverted Forms*; Milena Cavalan, *Focus*; Bernard Gortais, *Continuum*; Danielle Lescot, *Pyramid*; Agnès Nivot, *Cube Collection*; Eliane Pouhaër, *New York*; Amélie Dauteur, *Kozo*. Photo © Hervé Goluza.

62 頁：Lucia Volentieri, *Quatro Cerchi.* Photo © Hervé Goluza.

64 頁：Raphaële Anfré, *Femininity in Repose No.* 5; Danielle Lescot, *Medium Reef*; Anne Brun, *Gingko and Sea Urchin*; Patricia Zieseniss, *Rest.* Photo © Hervé Goluza.

67 頁：Baptiste Penin, *Santorini (detail).* Photo © Hervé Goluza.

68~69 頁：Jean-Charles Yaïch, *Kirigamis*; Joël Froment, *Untitled (Red, Green, and Beige)*; Raphaële Anfré, *Intimacy of a Femininity No. 3*; Laurent Karagueuzian, *Stripped Papers No. 288*; Marc Beaudeau Dutilleul, *Relief 3*; Marjolaine de La Chapelle, *Untitled (Blue Yellow Rectangle)*; Milena Cavalan, *Firmament*; Hubert Jouzeau, *Palm Trees*; Patricia Zieseniss, *Submission*; Amélie Dauteur, *Onna and Happi*; Biombo, *Stool.* Photo © Andrane de Barry.

71 頁：Carlos Stoffel, *Turquoise*; Thibault de Puyfontaine, *Hole of Light*; Emma Iks, *Martini*; Anne-Laure Maison, *House-Woman on the March*. Photo © Appear Here.

72~73 頁：Marie Amédro, *Triptych Combination*; Plume de Panache, *Lugano*. Photo © Hervé Goluza.

74 頁：Fernando Daza, *White Square Beige Ground*. Photo © The Socialite Family, Valerio Geraci, Constance Gennari.

76 頁：Patricia Zieseniss, *Couple II*. Photo © The Socialite Family, Valerio Geraci, Constance Gennari.

79 頁：Marion Pillet, *Blush*. © Marion Pillet

80 頁：Claire Borde, *Counterpoint No.* 3; Baptiste Penin, *Mauritius*; Lucia Volentieri, *Tridi*; Agnès Nivot, *4 Cube Collections*; Mise en Lumière, Jim Morrison, *Venice Beach*; Patricia Zieseniss, *Thank You*. Photo © Hervé Goluza.

82~83 頁：Amélie Dauteur, *Baransu*; Pascaline Sauzay, *Imaginary Variations*; Baptiste Penin, *Isle of Wight*; Lucia Volentieri, *Uccelli*; Joël Froment, *Musical Variation*. Photo © Hervé Goluza.

84~85 頁：Photos © Hervé Goluza. © Estelle Mahé.

86~87 頁：Marie Amédro, *Synergie* 14 and 17; Bernard Gortais, *Continuum* 180; Géraldine de Zuchowicz, *Vienna* and *Grenada*; Danielle Lescot, *Cube*; Pascaline Sauzay, *Imaginary Variation*; Laurent Karagueuzian, *Stripped Papers*. Photo © Hervé Goluza.

88 頁：Laurent Karagueuzian, *Stripped Papers No. 272*. Photo © Hervé Goluza.

91 頁：Invincible Été, *Wildflowers and Bamboo*. Photo © Frédéric Baron- Morin.

92 頁：Lucia Volentieri, *Quatro Cerchi*; Marie Amédro, *Ensemble No. 4*; Amélie Dauteur, *Karimi* and *Tomodashi*. Photo © Hervé Goluza.

95 頁：Hélène Leroy, *Moors*. Photo © Estelle Mahé. Raphaël Anfré, *Intimacyacy of a Femininity No. 16*; Géraldine de Zuchowicz, *Vienna and Grenada*. Photo © Hervé Goluza. Mise en Lumière, *Portobello, London*; Thibault de Puyfontaine, *Triangle*; Michaël Schouflikir, *Play*. Photo © Hervé Goluza. Baptiste Penin, *Isle of Wight*; Lucia Volentieri, *Uccelli*; Joël Froment, *Musical Variation* and *Dynamic Construction*; Danielle Lescot, *Triangles*. Photo © Hervé Goluza.

96~97 頁：Amélie Dauteur, *Black Kiru*; Hervé de Mestier, *Boa Contact Sheet, Elle*; Marion Pillet, *White and Gold I*; Laurent Karagueuzian, *Stripped Papers No*. 225: Bernard Gortais, *Continuum* 153. Photo © Hervé Goluza.

98 頁：Michel Cam and Anne-Laure Maison, visuls from the *Human Soul* Project. Photo © Appear Here.

101 頁：Bernard Gortais, *Continuum* 5. Photo © Appear Here.

102 頁：Fernando Daza, *Beige Circle*. Photo © Fernando Daza. Audrey Noël, *Untitled (Blue)*. Photo © Wilo & Grove.

105 頁：Patricia Zieseniss, *Double Me* and *Friend*; Gilles de Fayet, *Taroko Gorges of Taiwan*; Pascaline Sauzay, *Imaginary Painting III*; Fernando Daza, *Black and White Square Structure on a Blue Ground*. Photo © Hervé Goluza.

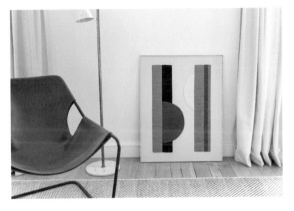

106~107 頁：Kanica, *Untitled (Large Rust-Colored, Pink, and Black Version)*. Photo © Hervé Goluza.

108 頁：Éliane Pouhaër,*Madrid II*; Joël Froment, *Musical Scale*; Lucia Volentieri, *Piro and Etta*; Pascaline Sauzay, *Imaginary Variations Nos.* 12 and 11. Photo © Hervé Goluza

110 頁：Emma Iks, *Goriyi* and *Back to the Future*; Anne- Laure Maison, *House-Woman Black Sun and House-Woman in a Hat*; Carlos Stoffel, *Untitled (White Ground Brown Square)* and *Untitled (White Ground Blue Square)*; Bernard Gortais, *Chanceful Arrangement* 66; Biombo, *Stool*. Photo © Appear Here.

111 頁：Lumière des Roses, collection of vintage photos; Thibault de Puyfontaine, *Collodion Portrait*. Photo © The Socialite Family, Valerio Geraci, Constance Gennari.

112 頁：Michaël Schouflikir, *The Waves, Crowd, and Well Packed*; Margaux Derhy, *Gate of the Anti-Atlas Nos.* 10 and 17; Raquel Levy, *Red and Yellow Creased Papers*. Photo © Hervé Goluza.

114~115 頁：Audrey Noël, *Untitled*; Agnès Nivot, *Collections, Staircases, and Rings*; Danielle Lescot, *Reef*; Hervé and Sophie de Mestier, *Brought to Light*; Joël Froment, *Musical Scale*; Eliane Pouhaër, *Madrid*; Baptiste Penin, *Réunion*; Biombo, *Stool*. Photo © Hervé Goluza.

116 頁：Invincible Été, *Carrot Flowers* and *Ferns*; Margaux Derhy, *Gate of the Anti-Atlas (Green and Purple)*; Danielle Lescot, *Vases*; Biombo, *Bar Stools*; Carlos Stoffel, *Pink and Bordeaux*. Photo © Hervé Goluza.

119 頁：Milena Cavalan, *Conversation, Still Life*；Joël Forment, *Horizantals*；Baptise Penin, *Isle of Wight*；Hubert Jouzeau, *Palm Trees*. Photo © Hervé Goluza.

120 頁：Jean-Charles Yaïch, *Untitled*. Photo © Hervé Goluza.

123 頁：Audrey Noël, *Untitled*; Marjolaine de La Chapelle, *Medium Blue*; Éliane Pouhaër, *Madrid III*; Carlos Stoffel, *Untitled (Purple Orange Bar)*; Julie Lansom, *The Forest III*; Lucia Volentieri, *Due Moduli*. Photo © Hervé Goluza.

124 頁：Claire Borde, *Counterpoint No. 6*; Agnès Nivot, *Tablet Collection*; Amélie Dauteur, *Torofi*; Michaël Schouflikir, *Trick*. Photo © Hervé Goluza.

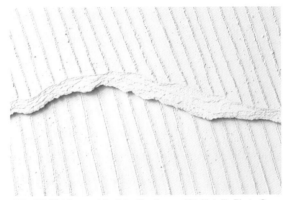

126~127 頁：Bernard Gortais, *Continuum* 161 (detail). Photo © Hervé Goluza.

131 頁：Audrey Noël, *Untitled (Three Forms)*. Photo © Hervé Goluza.

142 頁：Anne-Laure Maison, *House of Secrets, Aix-en-Provence*. Photo © Hervé Goluza.

銘謝

由衷感謝：

· 謝謝我們的丈夫，即使開始經營 Wilo & Grove 以來（或是這本書印製發行的時候！）他們承受了許多不愉快的情緒，依舊堅定不移地陪伴在我們身邊。

· 感謝家人，從我們大膽創業以來，他們始終帶著耐心、善意和熱情支持，不過也常常挑戰我們。

· 感謝朋友們，以開明的心態給予建議、協助、提醒並聆聽，並提供充滿智慧的洞見（偶爾在兩杯黃湯下肚後）；還沒有超棒的團隊協助我們之前，朋友們幫忙釘釘子、費勁搬箱子、重新粉刷牆面，還裁減數百張展示說明。

· 謝謝我們的完美團隊，少了他們，藝廊就無法日日順暢運作，為變換莫測的創業過程帶來許多意義。

· 謝謝藝術家們，沒有他們就不會有 Wilo & Grove。他們的才華和創意，為每一天增添許多火花，能夠成為他們信賴的對象，我們也感到非常榮幸。

· 感謝每一位客戶：這本書就是獻給「Wilovers」。我們要特別感謝早期的支持者（他們懂的），這些回頭客的忠誠度深深打動我們，也要謝謝所有新客戶，在進入 Wilo & Grove 的時候總會說出世界上最動人的句子：「我之前從來沒有踏進過藝廊。」

· 特別感謝歷任實習生與許多從早創時期為我們傾力付出的夥伴（Big Cheese、Estellum、Agence Mews）。

· 謝謝「La Fitho」幫助我們度過難關，並點頭答應成為董事長（雖然他其實也沒什麼選擇）。

· 謝謝 Virginie Maubourguet、Mathilde Jouret、Marie Vendittelli、Kate Mascaro 和 Helen Adedotun 以專業、幽默和善意陪伴我們製作本書。

· 感謝將能夠刺激創意發想的企劃託付給我們的人們：L'Agence Varenne、Le Bon Marché、La Brocante La Bruyère、Brunswick Art、Caravane、La Chance、Les Galeries Lafayette Maison、Merci Paris、Red Edition 與 The Socialite Family。

藝術風居家布置與品味收藏

原文書名	Sortons l'art du cadre!
作　　者	奧莉薇亞‧德菲耶（Olivia de Fayet）、凡妮‧索雷（Fanny Saulay）
譯　　者	韓書妍

總 編 輯	王秀婷
責任編輯	李　華
版　　權	徐昉驊
行銷業務	黃明雪

發 行 人	涂玉雲
出　　版	積木文化
	104台北市民生東路二段141號5樓
	電話：(02) 2500–7696｜傳真：(02) 2500–1953
	官方部落格：www.cubepress.com.tw
	讀者服務信箱：service_cube@hmg.com.tw
發　　行	英屬蓋曼群島商家庭傳媒股份有限公司城邦分公司
	台北市民生東路二段141號2樓
	讀者服務專線：(02)25007718–9｜24小時傳真專線：(02)25001990–1
	服務時間：週一至週五09:30–12:00、13:30–17:00
	郵撥：19863813｜戶名：書虫股份有限公司
	網站：城邦讀書花園｜網址：www.cite.com.tw
香港發行所	城邦（香港）出版集團有限公司
	香港灣仔駱克道193號東超商業中心1樓
	電話：+852–25086231｜傳真：+852–25789337
	電子信箱：hkcite@biznetvigator.com
馬新發行所	城邦（馬新）出版集團 Cite（M）Sdn Bhd
	41, Jalan Radin Anum, Bandar Baru Sri Petaling, 57000 Kuala Lumpur, Malaysia.
	電話：(603) 90578822｜傳真：(603) 90576622
	電子信箱：cite@cite.com.my

封面完稿	曲文瑩
內頁排版	陳佩君
製版印刷	上晴彩色印刷製版有限公司

城邦讀書花園
www cite com tw

【印刷版】
2023年 3 月 16 日　初版一刷　首印量2000本
售　價／NT$580
ISBN 978-986-459-483-2

【電子版】
2023年 3 月
ISBN 978-986-459-482-5（EPUB）

有著作權‧侵害必究

藝術風居家布置與品味收藏 / 奧莉薇亞 . 德菲耶
(Olivia de Fayet), 凡妮 . 索雷 (Fanny Saulay) 作 ; 韓
書妍譯 . -- 初版 . -- 臺北市 : 積木文化出版 : 英屬
蓋曼群島商家庭傳媒股份有限公司城邦分公司發
行 , 2023.03
　面；　公分
譯自 : Sortons l'art du cadre !
ISBN 978-986-459-483-2(平裝)

1.CST: 藝術市場 2.CST: 藝術品 3.CST: 蒐藏

489.7　　　　　　　　　　　　112001094